月背之路
—— 探月工程的突破 ——

主編◎ 錢航　　繪◎ 閆強

中 華 教 育

總　序

　　中華民族在人類發展史上曾創造過燦爛的古代文明。

　　中國最早發明的古代火箭，便是現代火箭的雛形。1949年中華人民共和國成立後，中國依靠自己的力量，獨立自主地開展航天活動，於1970年成功地研製並發射了第一顆人造地球衞星。迄今，中國在航天技術的一些重要領域已躋身世界先進行列，取得了舉世矚目的成就。

　　如今祖國日益強大，國泰民安、星河璀璨。

　　通過科學家們的不斷努力，我們實現了「可上九天攬月」的大國偉業，實現了「明月幾時有」的文化寄託。探索浩瀚宇宙，發展航天事業，建設航天強國，是我們不懈追求的航天夢。

　　九天攬月星河闊，十六春秋繞落回。

　　「人生的扣子從一開始就要扣好」，自然也包括好的習慣養成。

　　所有能力的基礎都是靠讀書奠定的。讀書是增加見識的最好途徑，也是思想聯通外界最好的方式。兒童讀書，可以形成閱讀興趣，一旦興趣養成了，這是能夠陪伴一生的好習慣。

　　本書由奮戰在航天一線的專家團隊親自撰寫，設計精巧，深入淺出，文圖並茂。溫馨的畫風，肆意奔流的色彩，充滿了智慧和幽默，是難得的全景式航天科普溫馨佳作。

　　打開這本書，和孩子一起，讓孩子張開想像的翅膀，參與一場太空旅行，月亮、太陽、火星……穿梭於星體之間，遨遊於星河之中，一起探索這場星際之旅吧！

2021年6月16日　　劉竹生

怎樣才能成為航天人
——主編寄小讀者

你要問怎樣才能成為航天人，我想跟你說一下我們這一代青年航天人的經歷。

今天的「80後」、「90後」青年航天人已經是航天舞台的主力了。然而在2003年，當我國第一艘載人飛船「神舟五號」成功飛向太空的時候，我們還在讀中學甚至小學。「神舟五號」的成功發射既讓我們感到驕傲與自豪，也激發了我們對太空強烈的好奇心與探索慾。

我們開始做起了航天夢，立志以後一定要考大學，學航天。於是我們刻苦學習，如願進入航天專業類院校。面對外界的諸多誘惑，我們在畢業選擇時也曾猶豫不決、內心徘徊。回顧初心，錢學森、趙九章、郭永懷等「兩彈一星」功勛科學家無私奉獻的精神深深感動着我們，他們成就了我們今天的航天強國、科技強國，也引導我們堅定選擇了航天事業。

目前我國航天科技取得了舉世矚目的成就。中國人現在已實現了神舟天宮「登天」、嫦娥「探月」、天問「落火」、空間站「駐天」，相信未來還能實現「駐月」、「登月」，中國航天在不斷地「打怪升級」，「探索宇宙奧祕、和平利用太空」，這是多麼了不起的成就！

親愛的小讀者，你若想將來成為一名航天優秀人才，首先要努力學習，學好基礎知識，航天工程要求精確可靠、米秒不差，把數學、物理、化學、信息技術等科學文化知識學扎實，這對你理解航天工程大有益處；其次要關注航天動態，了解我國和世界航天的發展大事件，會持續激發你的興趣，做航天人之前，成為一個專業點的航天迷；最後要好好鍛煉身體，養成健康作息，航天人不管是航天員、火箭設計師、衛星「操盤手」，還是總工程師等科技、管理崗位，都要求有很好的身體和心理素質，要以最好的面貌去完成光榮而艱巨的任務。

親愛的小讀者，希望十幾年後咱們能成為並肩作戰的同事，我們所有航天人熱情歡迎你的加入，共同為祖國航天事業打造更美好的明天。總之，「幸福都是奮鬥出來的」，人生因奮鬥而精彩，青春因夢想而美麗，夢想就像一朵朵浪花，中國航天人共同的夢想同頻共振，匯成了航天夢這條奔湧的長河，這條大河奔向宇宙深處，奔向星辰大海。願你敢於追夢，勤於圓夢，書寫出屬於自己的青春華章。

2021年6月24日

目錄

導言

　　讀者們，我是「嫦娥四號」月球探測器，你可以叫我「四姑娘」。你如果讀過第一本繪本，就一定對我們嫦娥家族瞭如指掌了。那麼，第二本繪本就由我來為你們講解飛往月球背面的故事。2018年12月8日凌晨2點23分，在我國西昌衛星發射中心，「長征三號」乙運載火箭將我發射升空，我帶着全人類的好奇心飛往月球背面，並且完成了人類首次月背軟着陸和巡視探測。

　　你知道為甚麼我們只能看到月亮的一面嗎？我是怎麼樣解決在月背與地球通信的難題的？在月亮上怎樣種馬鈴薯？相信你讀完本書就一定能夠找到答案。

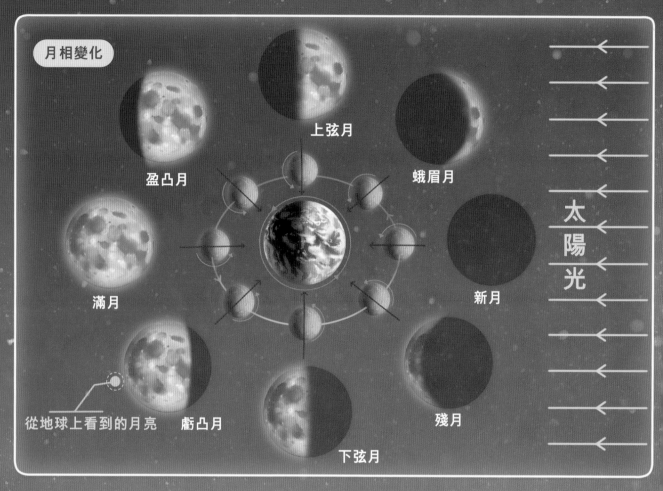

月球本身是不發光的，我們看到的月亮其實是月球反射太陽光的部分，它的形狀總是在變化，而月球本身的大小並沒有變化。

當月球運行到太陽和地球中間，三者處於同一直線時，月球就會擋住太陽射向地球的光，就會發生日食；當月球運行到地球的陰影區時，地球就會擋住太陽射向月球的光，這時會發生月食。

黃道面：地球繞太陽運
行軌道路線所在平面。

白道面：月球繞地球運
行軌道路線所在平面。

黃白交角：黃道面與白道面形成的交角平
均值為 5° 09'。黃白交角的存在，對日食
和月食的形成和預測都有重要意義。

太陽

航天
小知識

潮汐鎖定

讀者們，在每月農曆十五我們都能看到又大又
圓的月亮，就像一面精緻的銀盤。如果再仔細
觀看，似乎月亮永遠是那一個面朝向我們地
球。這種現象實際上是由於當月亮圍着地球轉
一圈的時候，它自身的自轉也轉了一圈，所以
看上去月亮總是一個樣子。就像你和你的好朋
友面對面，手拉手，他繞着你轉，你原地自
轉，一直保持手拉手，你就永遠只能看到他的
正面，而看不到他的背面。月球的這種規律被
稱為潮汐鎖定（或同步自轉、受俘自轉），即月
球永遠以同一面朝向地球。

❷ 月球背面的特殊之處

　　由於月球正面正對着地球的時候還會有輕微的擺動，天文學家稱這種現象為天平動，月盤邊緣區域有時候會露出一點點側背。總體上，我們從地球上能觀測到月球表面的59%。對天文學研究而言，月球背面是一片難得的寧靜之地。在地球上，日常生產生活的電磁環境會對射電天文觀測產生顯著干擾。而月球背面遮罩了來自地球的各種無線電干擾信號，因而可以監測到地面和地球附近太空無法分辨的電磁信號，從而為研究恆星起源和星雲演化提供重要資料。

月球天平動現象

由於月球水平擺動可看到的月球面，總體上，從地球可以觀測到整個月球表面的59%。

地球上可觀測到的
總月球面

由於月球被地球潮汐鎖定，它永遠只能以同一面朝向地球。這就意味着，在月球背面登陸的「嫦娥四號」與地球上的測控中心不僅相隔遙遠的地月距離，而且還要隔着月球球體進行通信聯繫，但通信信號無法穿透月球抵達其背面。

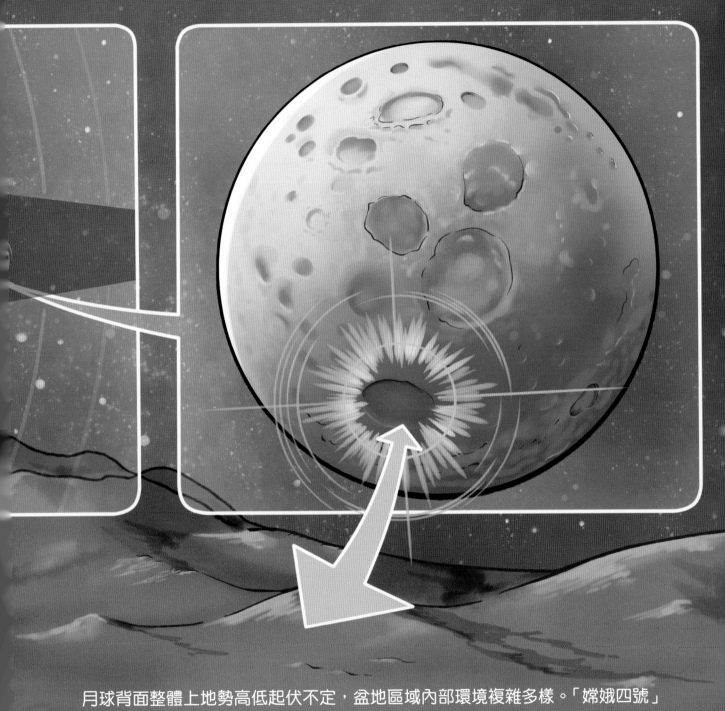

　　月球背面整體上地勢高低起伏不定，盆地區域內部環境複雜多樣。「嫦娥四號」軟着陸就好像在我國崇山峻嶺的雲貴川地區着陸一樣，難度可想而知。另外，通信延遲、近乎盲降，使軟着陸地面控制實際上失去了及時干預能力。對於地面來說，「嫦娥四號」的落月事實上是一場自主自助的「盲降」。

人類甚麼時候第一次拍到月球背面？

1959年10月4日，蘇聯的「月球3號」探測器發射升空，開始飛往月球。此次它前往月球的主要任務是拍到月球背面。為了完成既定任務，科學家對發射時間和飛行軌道做了精心安排，「月球3號」沒有直接快速飛向月球，而是在經過較長時間的飛行之後緩慢地繞到月球背面，在距離月球大約 7000 米處經過。當它繞過月球背面時，在地球上看到的是「新月」，太陽恰好在「月球 3 號」背面，照亮了遠離地球一側的月面，使得「月球 3 號」第一次拍攝到了人類不曾看到的月球背面圖片。

4 月背通信的中國解決方案

　　為了解決月球背面無法與地球直接通信的問題，中國科學家提出了自己的解決方案 —— 把中繼星發射到月球背面上空的地－月拉格朗日L2點（簡稱地－月L2點），並繞L2點的暈軌道運行。

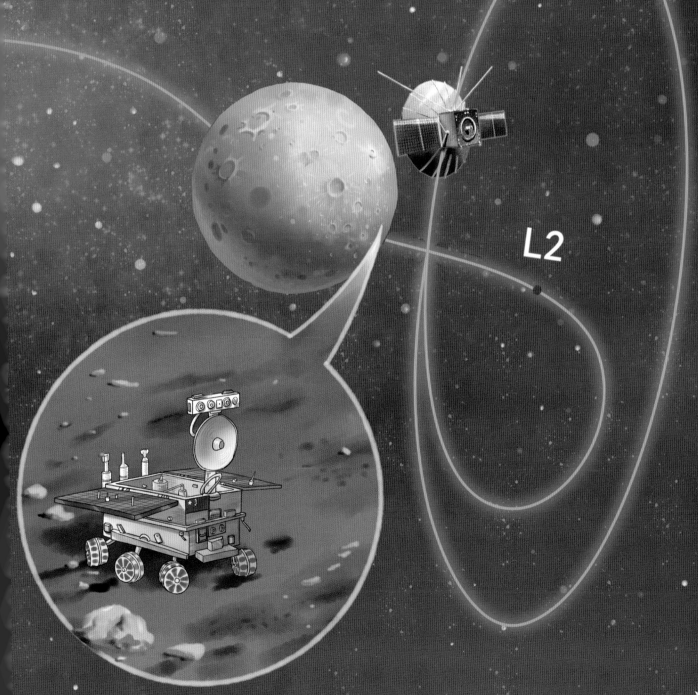

L2

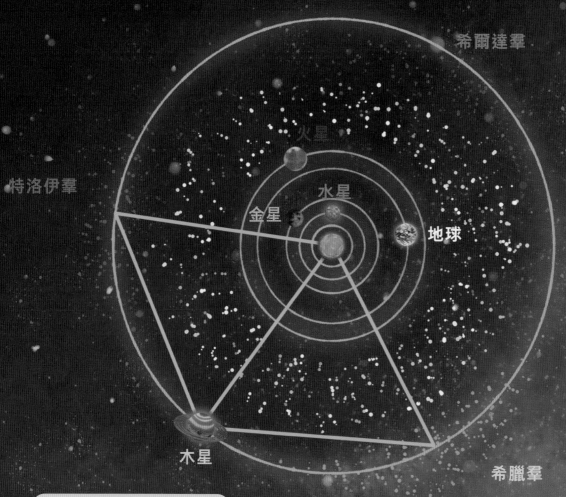

希爾達羣

火星

特洛伊羣

水星

金星

地球

木星

希臘羣

限制性三體問題的典型例證

　　你一定很好奇地－月L2點是甚麼？在哪裏？有甚麼作用？那我們要從三體問題講起，天文學中，三個天體之間的作用力關係非常複雜，難以求解。由於三體問題難以解決，人們就開始嘗試求解一些經過簡化的三體問題，即所謂的限制性三體問題，並計算出五個引力平衡點，即拉格朗日點。

航天
小知識

限制性三體問題的典型例證

限制性三體問題在太陽系裏確實存在實例，木星繞太陽的軌道前後60°的位置上各有一羣小行星，就是著名的特洛伊羣和希臘羣小行星。

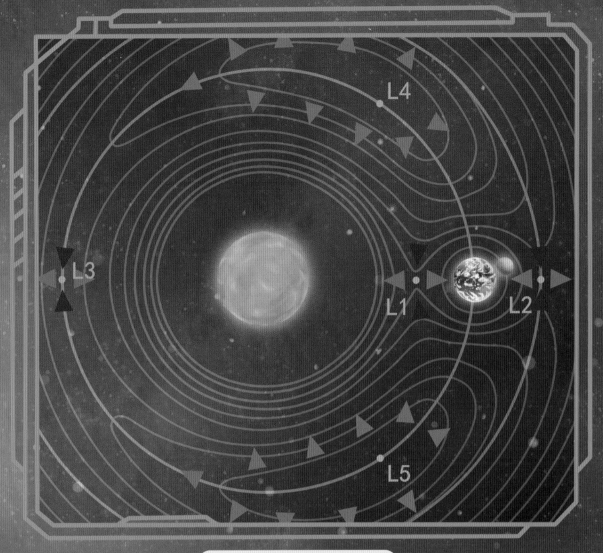

日地系統的五個引力平衡點

拉格朗日點

18世紀的數學家拉格朗日在橢圓軌道限制性三體問題上做出了突破性的貢獻，計算出五個在三體系統中引力達到平衡的所謂「拉格朗日點」，這五個拉格朗日點簡稱為L1－L5。拉格朗日點在航天領域中具有很高的科研價值，主要體現在兩個方面：它是科學觀測的極佳位置和深空探測的中轉站。

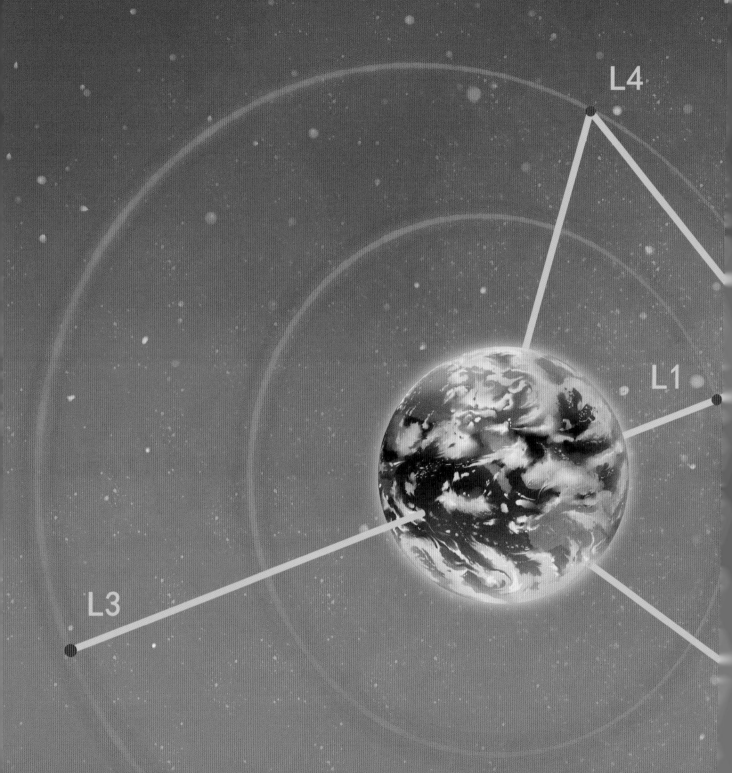

L4

L1

L3

6 「鵲橋」中繼星選址 ——地－月 L2 點的暈軌道

地月系統和深空探測器之間存在五個拉格朗日點，科學家們經過多方研判，最後將「鵲橋」中繼星的工作位置選在了地－月L2點，但是固定在L2點依然無法實現中繼通信的功能，因為L2點也被月球擋住了，所以最後科學家們設計「鵲橋」中繼星繞着地－月L2點的暈軌道（在地球上看過去類似月暈）運行，以實現「鵲橋」衛星的中繼通信功能。

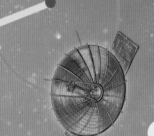

L2

L5

地－月拉格朗日點

航天小知識

神奇的暈軌道

如果把「鵲橋」中繼星直接部署在拉格朗日點上，則中繼星就和月球一起以相等的角速度圍繞地球運動。可是中繼星始終在月球背後，從地球上總是看不到它，也就不能進行中繼通信了。解決這個問題，可採用暈軌道形式。從地球上看，在暈軌道上運行的航天器呈現為圍繞太陽或月球的視運動，也就是看起來像日暈或月暈。選擇的暈軌道在與地月連線垂直並通過平動點（即拉格朗日點）的平面附近。航天器距平動點的距離超過3500公里，圍繞平動點的運動週期約為半個月。這樣就使月球背面與地面即時通信的困難得到解決。

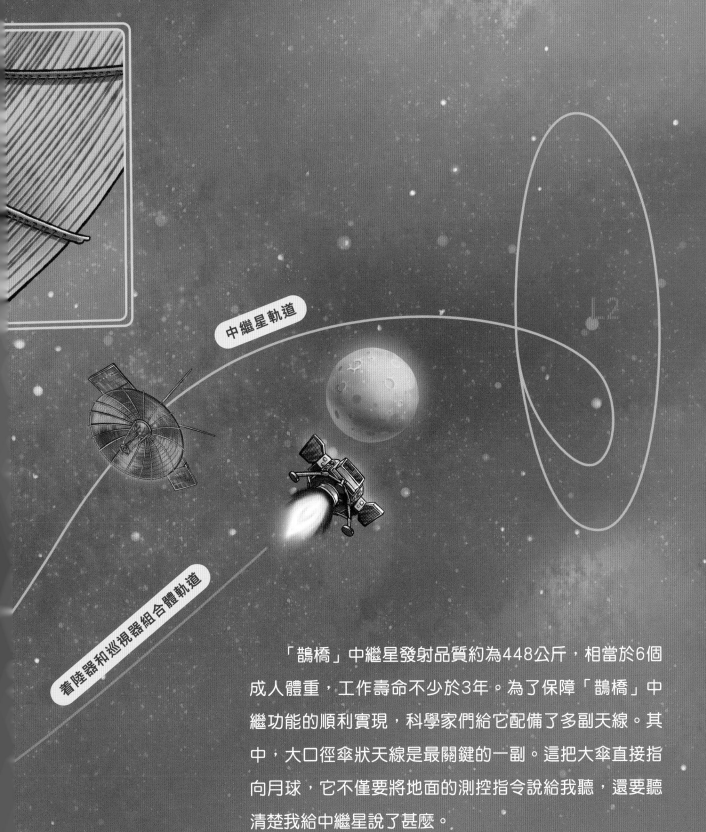

中繼星軌道

着陸器和巡視器組合體軌道

「鵲橋」中繼星發射品質約為448公斤，相當於6個成人體重，工作壽命不少於3年。為了保障「鵲橋」中繼功能的順利實現，科學家們給它配備了多副天線。其中，大口徑傘狀天線是最關鍵的一副。這把大傘直接指向月球，它不僅要將地面的測控指令說給我聽，還要聽清楚我給中繼星說了甚麼。

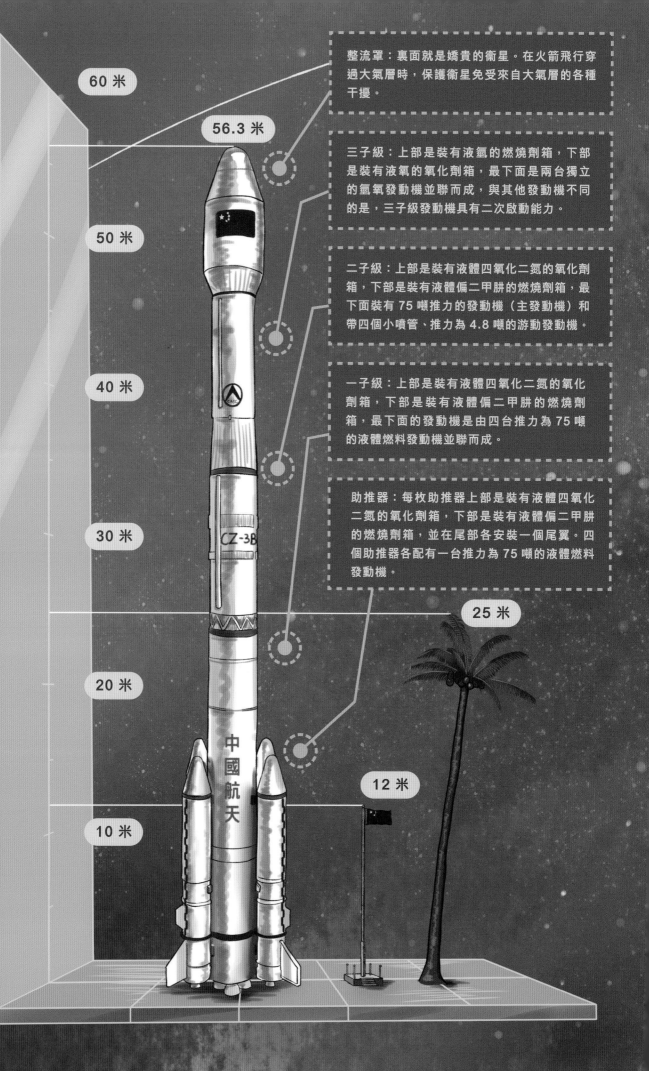

60 米

56.3 米

整流罩：裏面就是嬌貴的衛星。在火箭飛行穿過大氣層時，保護衛星免受來自大氣層的各種干擾。

三子級：上部是裝有液氫的燃燒劑箱，下部是裝有液氧的氧化劑箱，最下面是兩台獨立的氫氧發動機並聯而成，與其他發動機不同的是，三子級發動機具有二次啟動能力。

50 米

二子級：上部是裝有液體四氧化二氮的氧化劑箱，下部是裝有液體偏二甲肼的燃燒劑箱，最下面裝有 75 噸推力的發動機（主發動機）和帶四個小噴管，推力為 4.8 噸的游動發動機。

40 米

一子級：上部是裝有液體四氧化二氮的氧化劑箱，下部是裝有液體偏二甲肼的燃燒劑箱，最下面的發動機是由四台推力為 75 噸的液體燃料發動機並聯而成。

30 米

助推器：每枚助推器上部是裝有液體四氧化二氮的氧化劑箱，下部是裝有液體偏二甲肼的燃燒劑箱，並在尾部各安裝一個尾翼。四個助推器各配有一台推力為 75 噸的液體燃料發動機。

CZ-3B

25 米

20 米

中國航天

12 米

10 米

　　由於我需要在月背着陸，各種約束關係特別複雜，因此形成的發射窗口只有幾分鐘。一旦由於技術或天氣原因不能準時發射，就只能等待下一個發射窗口，有時在幾小時之後便能再次準備發射，有時則需要等待幾天、幾個月，甚至更長時間。

航天小知識

火箭的發射窗口如何確定？

發射窗口指的是運載火箭發射比較合適的時間範圍，是根據航天器本身的要求及外部多種限制條件經綜合分析計算後確定的。範圍的大小也叫發射窗口的寬度。窗口寬度有寬有窄，寬的以小時計，甚至以天計算；窄的只有幾十秒，甚至為零。在進行探月發射窗口選擇時，往往需要考慮很多約束條件，使得探測器與太陽、地球（包括地面點和近地軌道）、月球（包括着月點）的相對關係滿足月背着陸的需求。

航天小知識

「嫦娥四號」自由落體下降會不會受傷？

很多讀者好奇自由落體下降，「嫦娥四號」著陸器會不會受傷？其實，「嫦娥四號」著陸器的一大法寶就是四條着陸腿內部有蜂窩樣的金屬材料，能把着陸的衝擊能量緩衝掉，保證其着陸時不會側翻。

9 穩穩落在月球背面

　　在地面指令的操控下，在月球近地軌道15公里處，我開始減速下降並調整登陸姿態。這是激動人心的時刻！在登陸發動機作用下，我開始垂直下降。到達距離月面100米的高度時，科學家們為我設計了智能的程序，讓我有一顆「超強大腦」，即自己根據圖像識別選擇符合安全標準的地點。最後的4米高度，我以自由落體的方式緩緩落下，最後穩穩立在月背之上。精準！完美！科學家們在地面測控大廳紛紛起立為我鼓掌慶賀！

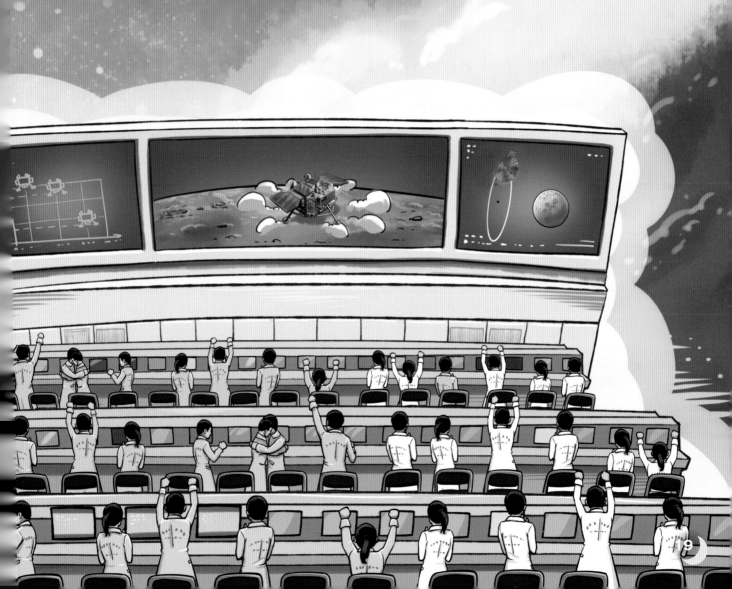

11 「兩器互拍」成功!

2019年1月11日16時46分,隨着一聲「『兩器互拍』圓滿成功!」北京航天飛行控制大廳裏頓時掌聲雷動,一片歡騰。至此,「嫦娥四號」任務取得圓滿成功!

航天小知識

「兩器互拍」的重大意義

「兩器互拍」,看似簡單,實則意義非凡!「兩器互拍」成功,地面接收圖像清晰完好,表明「鵲橋」中繼星工作正常,着陸器、「玉兔二號」月球車、地面配合良好,這標誌着「嫦娥四號」任務圓滿成功,人類首次造訪月球背面成功!

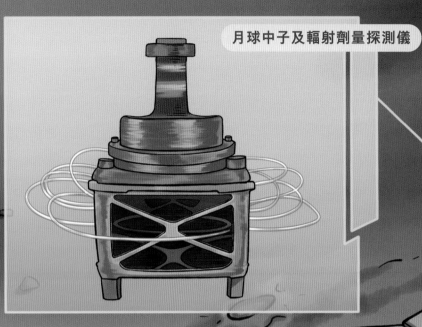

月球中子及輻射劑量探測儀

探測着陸區的輻射劑量，
為未來登月太空人的危險
度進行前期評估，提供相
應輻射防護的依據。

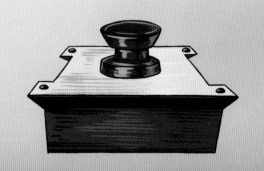

降落相機

降落相機和地形地貌相機為
「嫦娥四號」着陸器的着陸提
供探測，助其穩落月背。

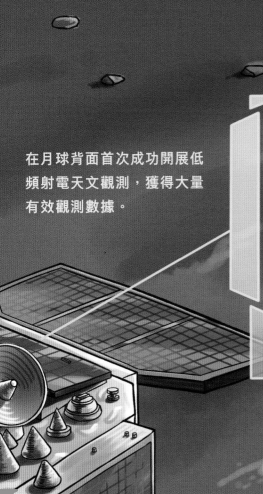

在月球背面首次成功開展低頻射電天文觀測，獲得大量有效觀測數據。

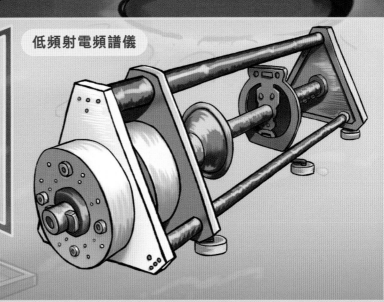

低頻射電頻譜儀

在探索月球背面奧祕時，我攜帶了很多利器，幫助我在極端環境下生存及探測未知的空間。

地形地貌相機

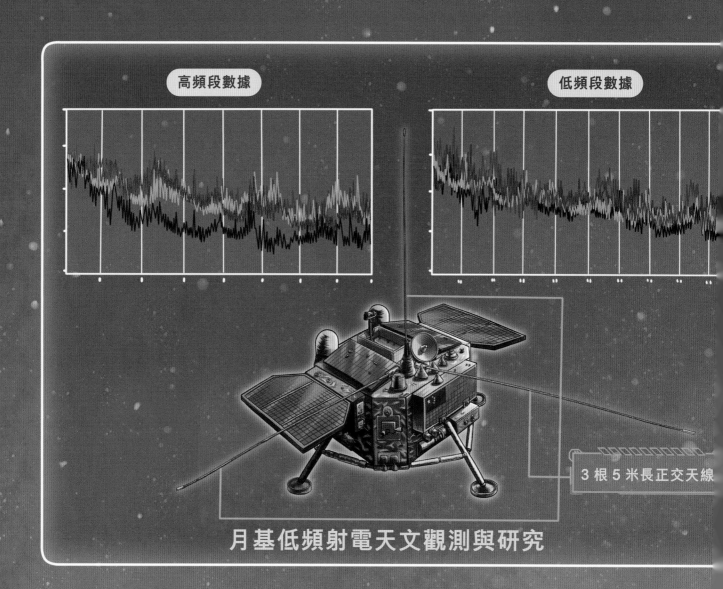

高頻段數據

低頻段數據

3 根 5 米長正交天線

月基低頻射電天文觀測與研究

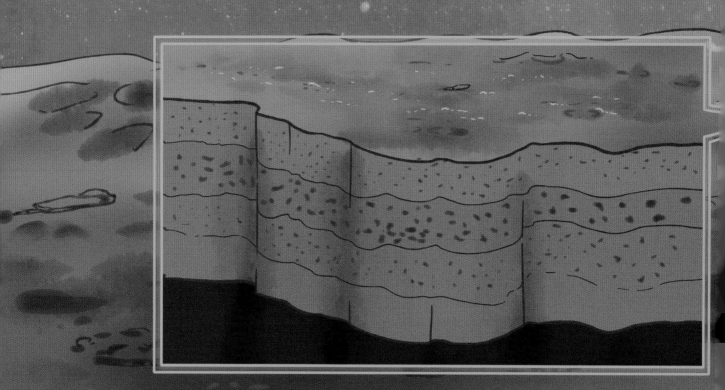

巡視區月表淺層結構探測

12 我的研究成果

月基低頻射電天文觀測與研究獲得大量有效觀測數據，對於研究太陽低頻射電特徵和月表低頻射電環境具有重要科學意義。

巡視區月表淺層結構探測的結果首次揭開月球背面地下結構的神祕面紗，極大地提高了人們對月球撞擊和火山活動歷史的理解，為月球背面地質演化研究帶來新的啟示。

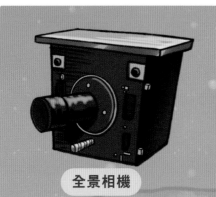

全景相機

測月雷達

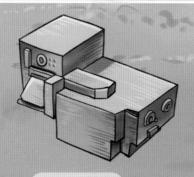

紅外光譜儀

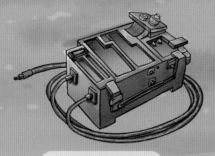

中性原子探測儀

對橄欖石、蘇長巖等石塊進行科學探測。

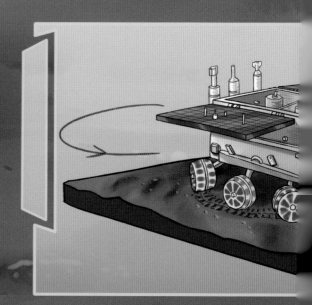

轉身探測巡視路徑上的車轍。

13 「玉兔二號」月球車

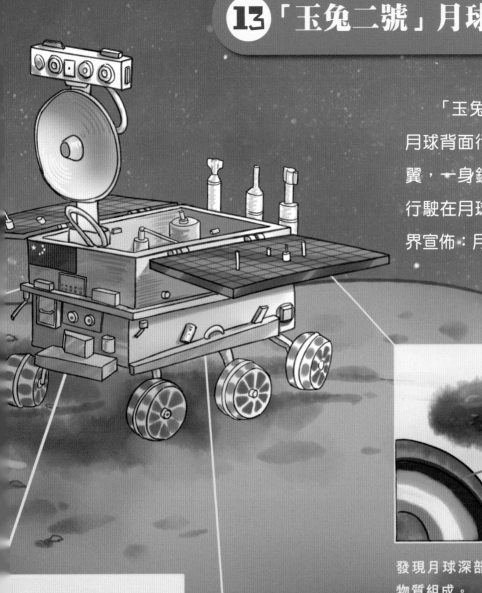

「玉兔二號」是人類第一輛在月球背面行駛的月球車。它輕舒兩翼，一身銀袍，昂頭向前，穩穩地行駛在月球背面。這兩道車轍向世界宣佈：月背，我們來了！

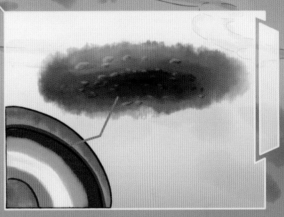

發現月球深部幔源物質，初步揭示月幔物質組成。

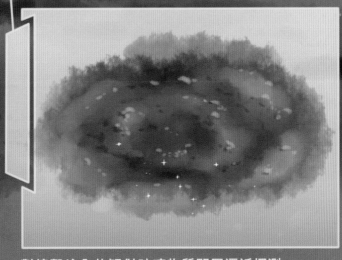

對撞擊坑內的疑似玻璃物質開展逼近探測。

⑭ 日出而作，日落而息

　　跟你們一樣，我也是白天工作，晚上休息，「勞逸結合」。為甚麼是這樣的工作模式呢？這是因為月球進行自轉運動，也像地球一樣有白天和黑夜之分。月夜期間無光照，以及月球沒有大氣，月表溫度會很快降低至-180℃左右。因此月夜時分，我與「玉兔二號」月球車會進入休眠模式，利用科學家們給我們安裝的「暖身貼」——放射性同位素熱源供應熱量，保證設備儀器的存儲溫度要求，解決無光照和極端低溫的難題。

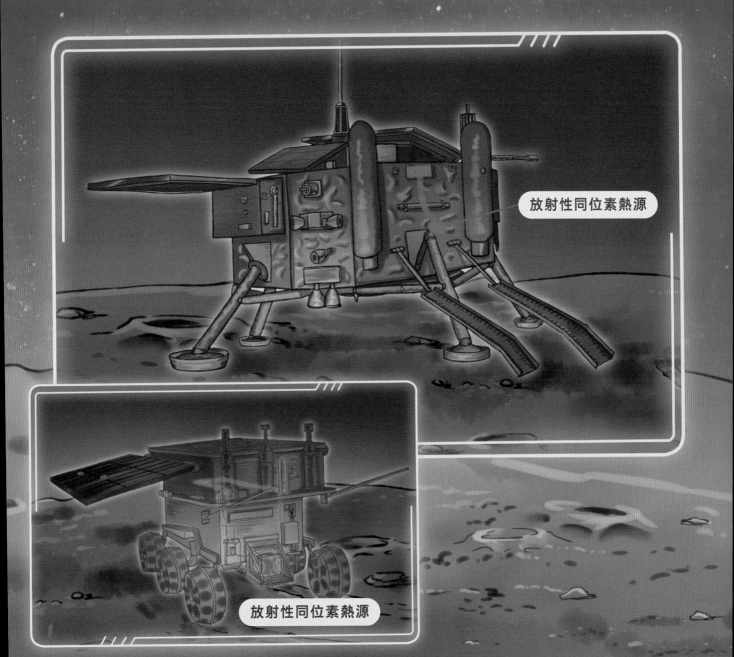

放射性同位素熱源

放射性同位素熱源

月球上的一天有多長？

月球自轉一周的時間等於一個恆星月（27天7
小時43分11.47秒），月球上一天的時間大約相
當於地球的1個月。一個白天的時間大約相當於
地球的14天，一個黑夜的時間大約也相當於地
球的14天。

15 去月亮上種馬鈴薯

　　別以為我到月球背面後只看「天」看「地」，其實我還帶了一個「月面微型生態圈」。這是一個由特殊鋁合金材料製成的圓柱形罐子，高18厘米，直徑16厘米，淨容積約0.8升，總重量3公斤。

　　這個小罐子裏將放置馬鈴薯種子、擬南芥種子、蠶卵、土壤、水、營養液和空氣，以及微型相機和信息傳輸系統等科研設備。科學家將在這個小空間裏創造動植物生長環境，實現生態循環。

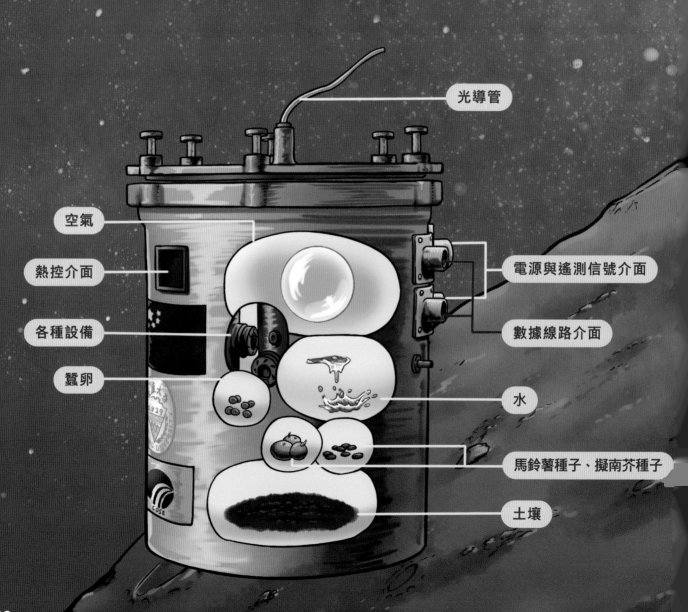

光導管

空氣

熱控介面

各種設備

蠶卵

電源與遙測信號介面

數據線路介面

水

馬鈴薯種子、擬南芥種子

土壤

氧氣 O$_2$

二氧化碳 CO$_2$

航天
小知識

為甚麼要選馬鈴薯和擬南芥呢？

選擇馬鈴薯和擬南芥作為實驗物種是因為它們的生長週期短且便於科學家觀察。另外，馬鈴薯還可作為人類太空生存的主要食物來源。

16 我的雙胞胎「姐姐」──「嫦娥三號」

　　我和我的雙胞胎「姐姐」──「嫦娥三號」探測器，同屬於嫦娥探月工程二期──「落」，我們都在月球表面實施軟着陸，只不過她落在月球正面，我落在月球背面。

　　她的長相跟我完全一樣，由月球軟着陸探測器和「玉兔一號」月球車組成。2013年12月14日，「三姐」成功軟着陸於月球正面的西北部虹灣地區，並陸續開展了科學探測任務。2016年8月4日，「三姐」正式退役。

中國探月工程大事記

⭐ 2007年10月24日18時05分，中國第一顆自主研發的月球探測衛星「嫦娥一號」在「長征三號」甲運載火箭的護送下，從西昌衛星發射中心成功發射，踏上38萬公里之遙的奔月征程。

⭐ 2008年11月12日，由「嫦娥一號」探測器拍攝數據製作完成的中國第一幅全月球影像圖公佈，這是當時世界上已公佈的月球影像圖中最完整的一幅。

⭐ 2009年3月1日，「嫦娥一號」探測器在圓滿完成各項使命後按預定計劃受控撞月。這標誌着中國邁出了深空探測的第一步，也是我國探月工程的首次突破。

⭐ 2010年10月1日18時59分57秒，「長征三號」丙運載火箭在我國西昌衛星發射中心點火發射，成功把「嫦娥二號」探測器送入太空。

⭐ 2011年8月25日，「嫦娥二號」探測器受控準確進入日－地拉格朗日L2點的環繞軌道。我國成為世界上繼歐洲航天局和美國之後第3個造訪L2點的組織／國家。

⭐ 2013年12月2日1時30分，「嫦娥三號」月球探測器在西昌衛星發射中心由「長征三號」乙運載火箭成功送入太空。

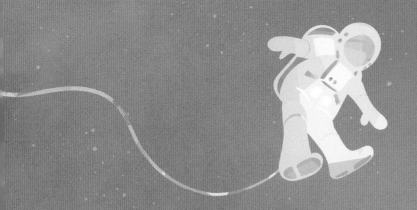
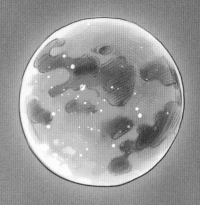

★ 2013年12月14日，「嫦娥三號」探測器攜帶中國第一輛月球車——「玉兔一號」成功軟着陸於月球正面虹灣，這是我國航天器首次在地外天體軟着陸。我國也成為世界上第三個實現月面軟着陸和月面巡視探測的國家。

★ 2018年5月21日5時28分，「嫦娥四號」探測器的「鵲橋」中繼星在西昌衛星發射中心發射升空，成為世界首顆運行在地－月L2點暈軌道的衛星。

★ 2018年12月8日2時23分，我國在西昌衛星發射中心用「長征三號」乙運載火箭成功發射「嫦娥四號」探測器，它將實現人類探測器首次在月球背面軟着陸，並開展巡視探測。

★ 2019年1月3日10時26分，「嫦娥四號」探測器成功着陸在月球背面東經177.6度、南緯45.5度附近的預選着陸區，並通過「鵲橋」中繼星傳回了世界第一張近距離拍攝的月背影像圖，揭開了古老月背的神祕面紗。

★ 2020年11月24日4時30分，「嫦娥五號」探測器在中國海南文昌航天發射場由「長征五號」運載火箭成功發射，開啟我國首次地外天體採樣返回之旅。

★ 2020年12月1日23時11分，「嫦娥五號」着陸器成功着陸在月球正面風暴洋西北部的預選着陸區。

★ 2020年12月17日1時59分，「嫦娥五號」探測器返回器攜帶1731克月壤樣品，採用半彈道跳躍式返回方法，在內蒙古四子王旗預定區域安全着陸。

★ 2021年2月27日，「嫦娥五號」帶回的月壤在中國國家博物館亮相。入藏國家博物館的月壤正式名稱為「月球樣品001號」，其重量為100克。

責任編輯　楊　歌　楊紫東
封面設計　鄧佩儀
排版　　　鄧佩儀
印務　　　劉漢舉

② 中國探月工程科學繪本

月背之路
── 探月工程的突破 ──

主編◎　錢航　　繪◎　閆強

出版｜中華教育

香港北角英皇道 499 號北角工業大廈 1 樓 B 室
電話：(852) 2137 2338　傳真：(852) 2713 8202
電子郵件：info@chunghwabook.com.hk
網址：http://www.chunghwabook.com.hk

發行｜香港聯合書刊物流有限公司

香港新界荃灣德士古道 220-248 號荃灣工業中心 16 樓
電話：(852) 2150 2100　傳真：(852) 2407 3062
電子郵件：info@suplogistics.com.hk

印刷｜美雅印刷製本有限公司

香港觀塘榮業街 6 號海濱工業大廈 4 字樓 A 室

版次｜ 2022 年 10 月第 1 版第 1 次印刷
©2022 中華教育

規格｜ 16 開（210mm x 285mm）

ISBN｜ 978-988-8808-40-3

顧問委員會｜ 劉竹生 陳閩慷 朱進 苟利軍

叢書主編｜ 錢航

叢書副主編｜ 王倩 楊陽 王易南

編委會成員｜ 尚瑋 李毅 張蓉 閆琰 扈佳林 羅煒
李蔚起 王彥文 蔣平 黃首清

◎ 本書由國家航天局權威推薦，中國航天科技集團組織審定